LA LUNE EN CHIFFRES

LA LUNE
EN CHIFFRES

ANTOINE PASCAL

À tous ceux qui ont marché sur la Lune, ceux qui l'ont contournée,
et à tous les autres qui aiment l'observer...

Photo de couverture : l'astronaute David R. Scott lors de la mission Apollo 15 au mois d'août 1971.

Éditions Archives & Collections
16 bis, rue de la Chancellerie
78000 Versailles
Contact : archives.collections@wanadoo.fr

Directeur de collection : Antoine PASCAL
Conception graphique : Antoine PASCAL
Contact : antoinepascal@free.fr
Relecture : Nicolas Bonnefoix et Serge Gracieux (Cité de l'Espace)

Dépôt légal : juin 2009
Imprimé et relié en France
ISBN : 978-2-35786-012-4

LA LUNE

SOMMAIRE

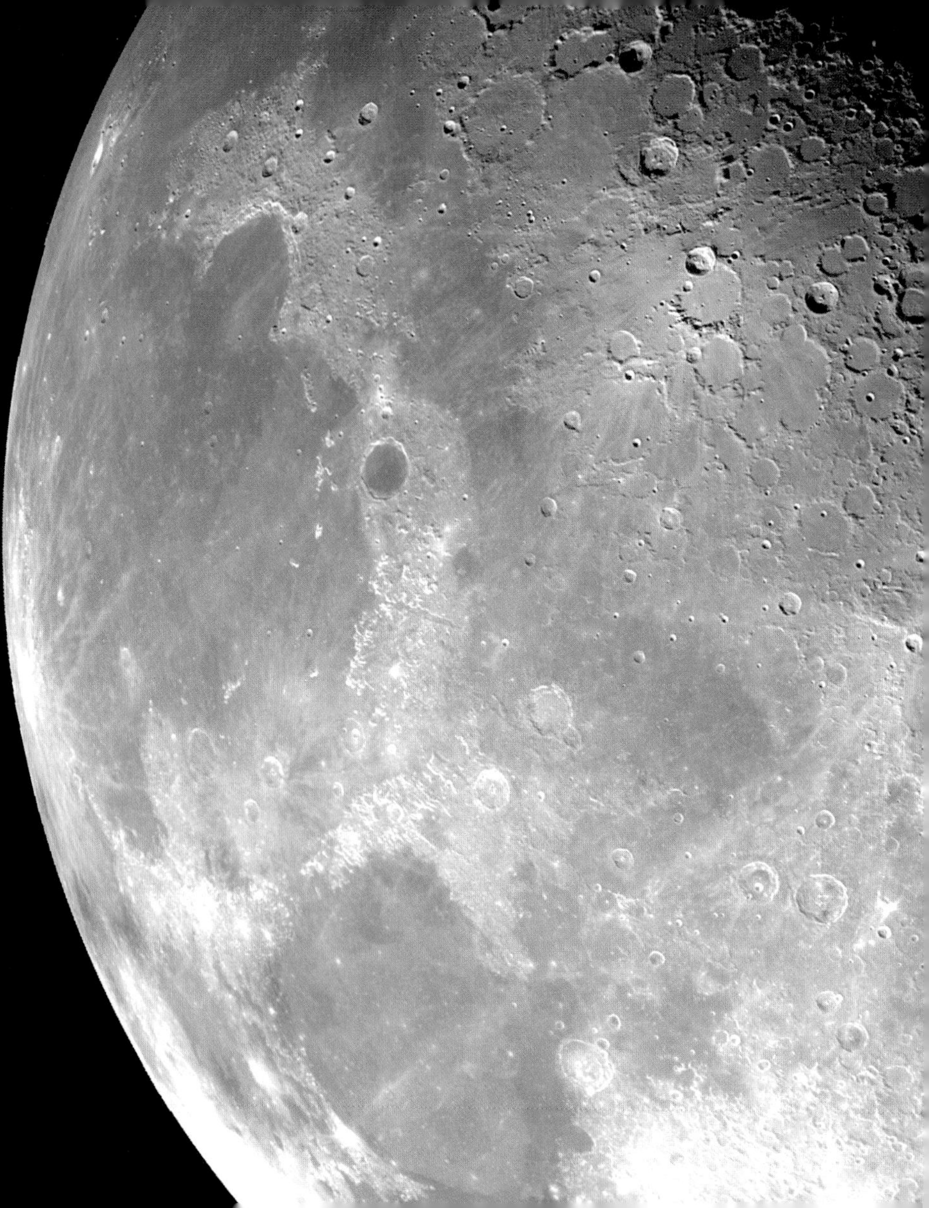

Le diamètre de
la Lune mesure
3.476
kilomètres

soit

1/4
de celui de la
Terre.

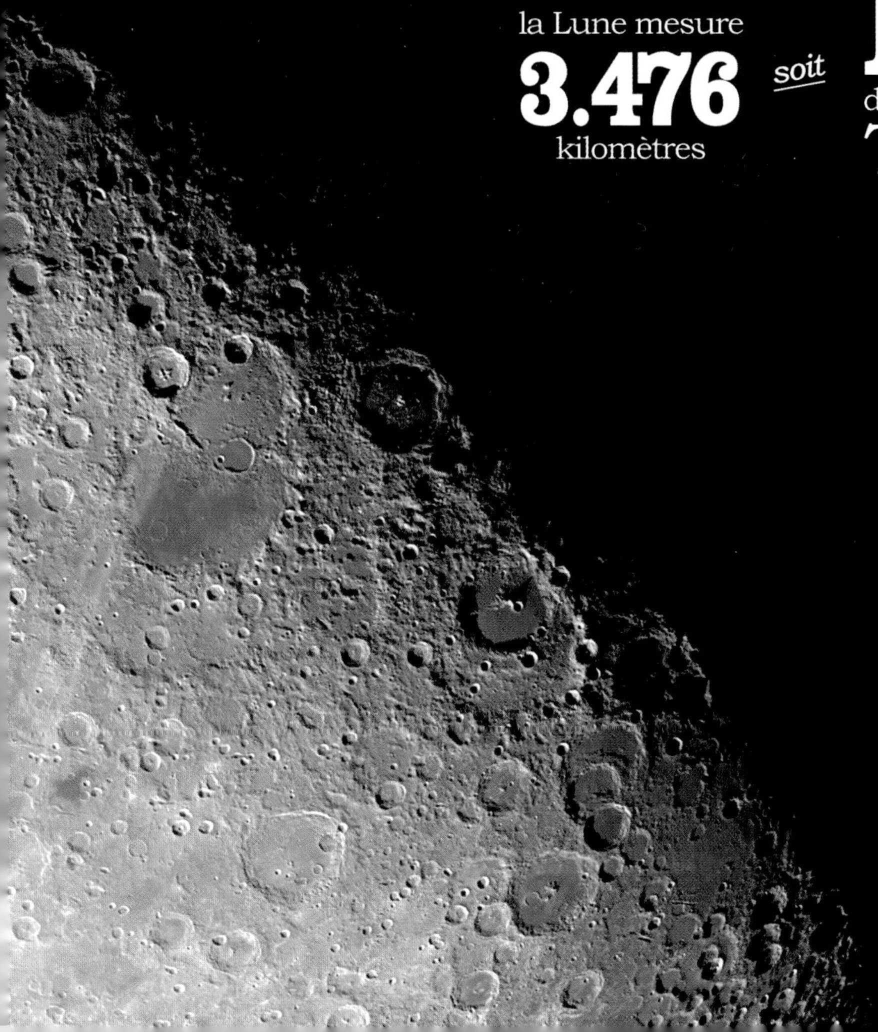

La Lune est vieille de **4,46** milliards d'années !

C'est à **100** millions d'années près le même âge
que les autres planètes du système solaire.

384.400
kilomètres
séparent
la Terre
de la Lune.

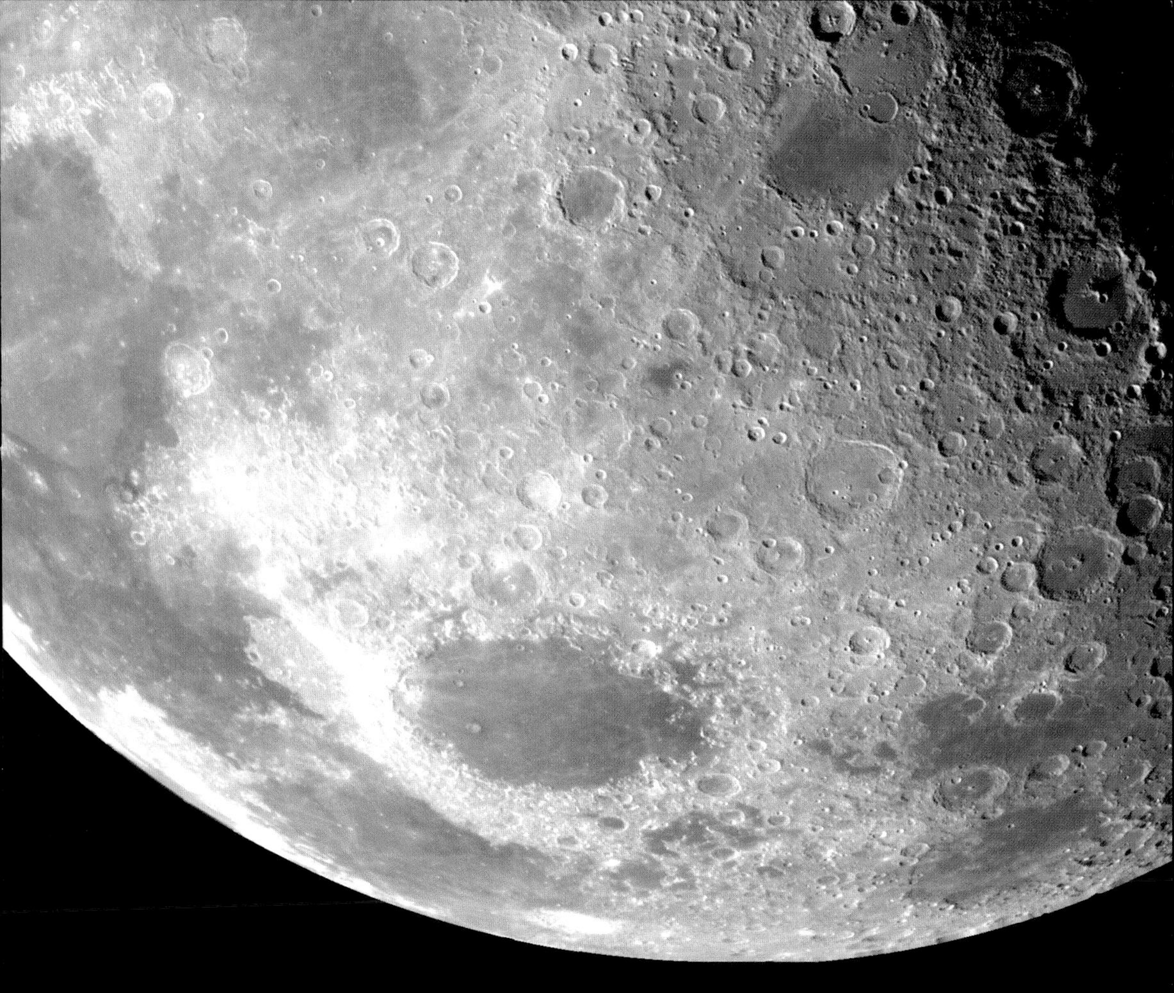

Cette distance oscille entre **356.400** et **406.700** km.

La distance de la Terre à la Lune représente **30** fois

le diamètre de la Terre et **110** fois celui de la Lune !

Tous les ans,
la Lune s'éloigne
un peu plus de la Terre

de **3,4** cm.

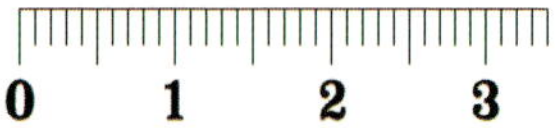

La surface lunaire compte plus de

600.000

cratères dus aux météorites extraterrestres !

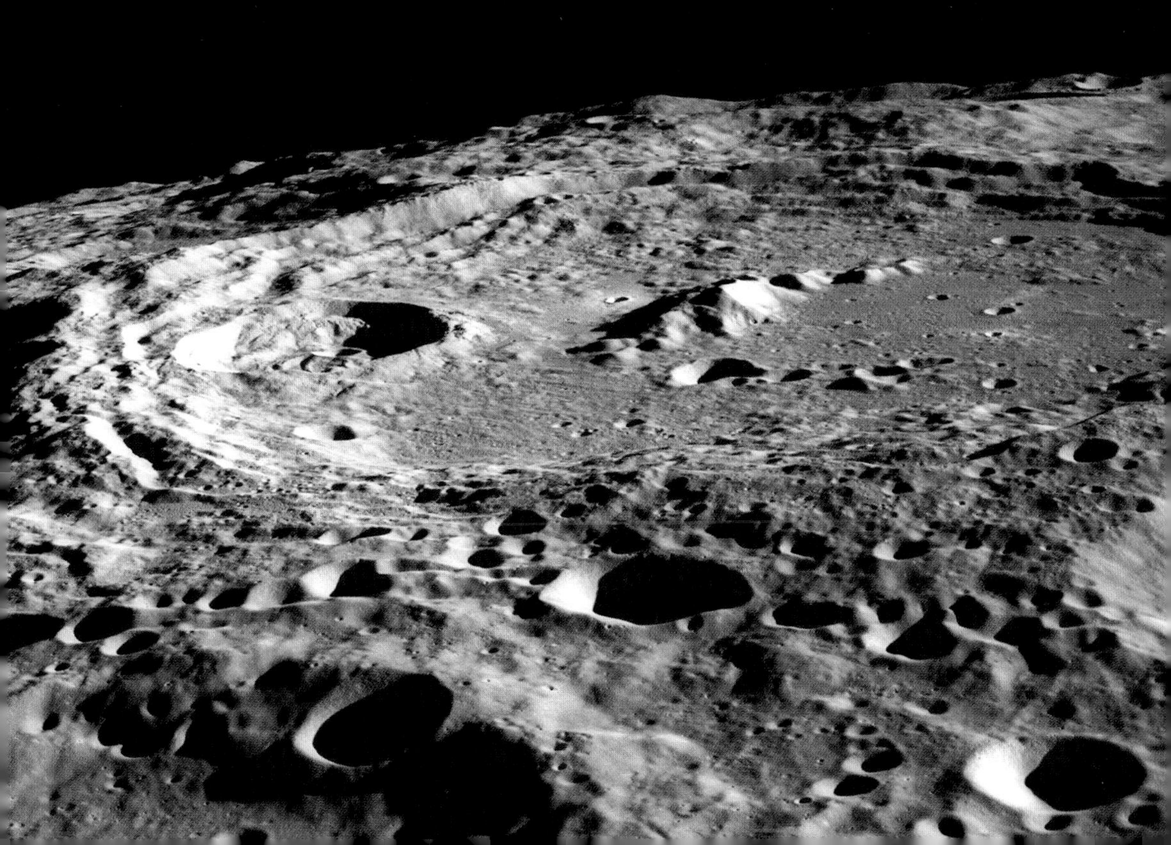

4

scénarios plus ou moins plausibles tentent d'expliquer la création de la Lune :

1. Scénario de simultanéité :
la Lune résulterait de l'accrétion
de matière en orbite autour de la Terre.

2. Scénario de fission :
la Terre aurait perdu une partie
de sa matière par force centrifuge.

3. Scénario de capture :
la Terre aurait attiré la Lune
dans son champ gravitationnel
(supposition peu crédible).

4. Scénario de collision :
un corps céleste de la taille de Mars
aurait percuté la Terre et arraché
de la matière : c'est le scénario
qui est retenu aujourd'hui !

Mesurant

60

kilomètres d'épaisseur,
l'écorce lunaire recouvre
un manteau solide d'environ

1.300

kilomètres qui renferme à son tour un
noyau en fusion d'un diamètre d'environ

SEPT CENTS

kilomètres, dont la température est estimée à

1.500°C.

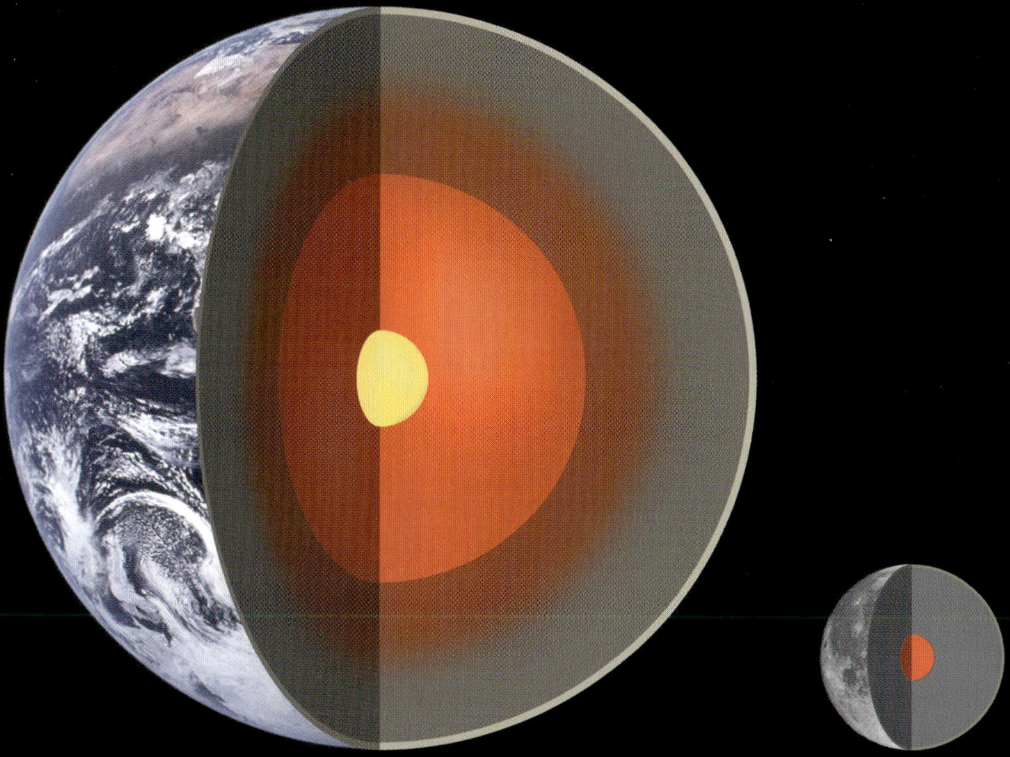

Cette température est **4** fois inférieure à celle du noyau terrestre !

Malgré ses rotations simultanées
sur elle-même et autour de notre planète,

41%

de la surface de la Lune n'est pas visible depuis la Terre :
c'est la face cachée de la Lune.

Seuls **24** hommes ont vu cette face cachée. C'était lors des missions spatiales américaines Apollo 8, 10, 11, 12, 13, 14, 15, 16 et 17 entre décembre 1968 et 1972.

Tous les

CENT ANS,

la durée d'une journée sur Terre augmente de

0,005 SECONDE.

Ce phénomène est dû au ralentissement qu'exerce inexorablement la Lune sur la rotation de la Terre.

En language astronomique,
le terme *lune* signifie *satellite naturel.*
Tandis que la Terre possède **1** lune,

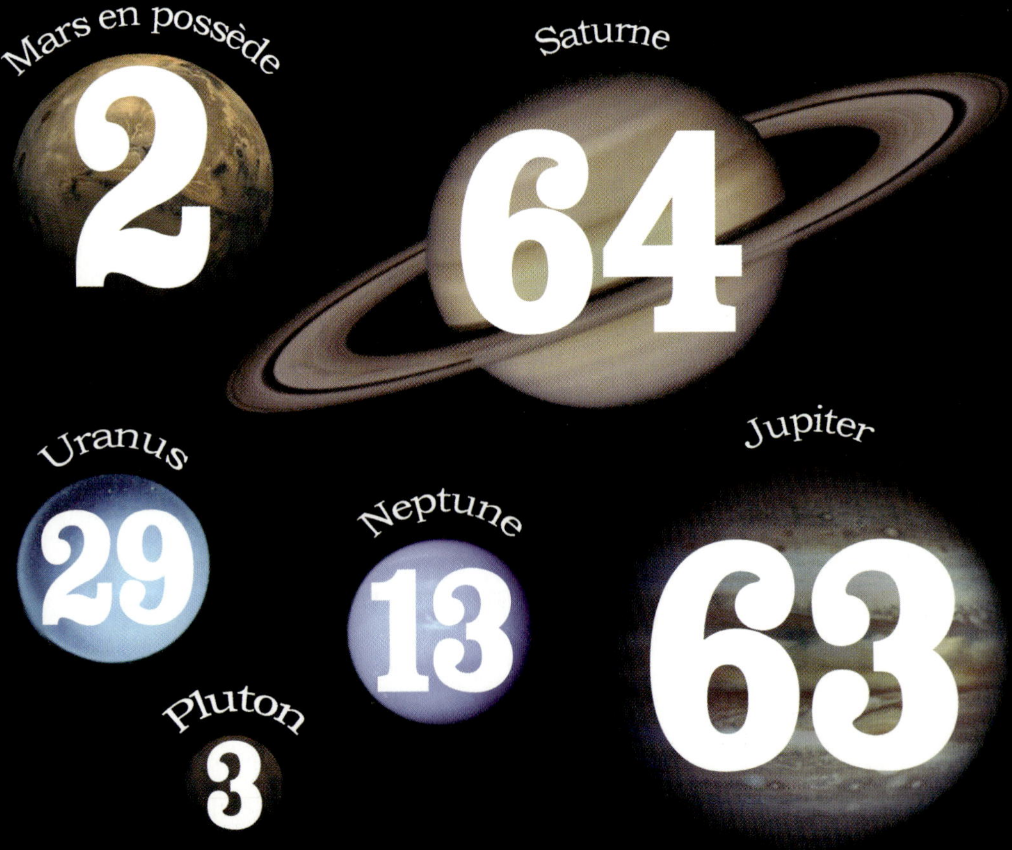

Le nombre de ces satellites varie suivants les nouvelles observations.

Il existe

3

sortes d'éclipses lunaires :

1. les éclipses pénombrales
(lorsque la Lune se place dans la pénombre de la Terre),
2. les éclipses partielles
(lorsqu'elle passe en partie dans le cône d'ombre de la Terre),
3. les éclipses totales
(lorsqu'elle pénètre dans le cône d'ombre de la Terre).

Tous les ans, il y a entre **1** et **4** éclipses de Lune dans le monde.

La vitesse orbitale de la Lune autour de la Terre est de

3.680

kilomètres par heure, soit

1,022

kilomètre par seconde !

Cette course est néanmoins **29** fois moins rapide que celle effectuée par la Terre autour du Soleil...

Appelée révolution sidérale, cette rotation représente

2.412.520

kilomètres et s'effectue en **27** j, **7** h, **43** min, **11,5** s.

Vue de la Terre, on peut décomposer
les différents aspects de la Lune en

8

phases principales :

1. nouvelle lune (lorsqu'elle n'est pas visible),
2. croissant de lune ascendant,
3. premier quartier de lune,
4. lune gibbeuse ascendante,
5. pleine lune,
6. lune gibbeuse descendante,
7. dernier quartier de lune,
8. croissant de lune descendant.

La période comprise entre **2** nouvelles lunes est appelée *lunaison*.

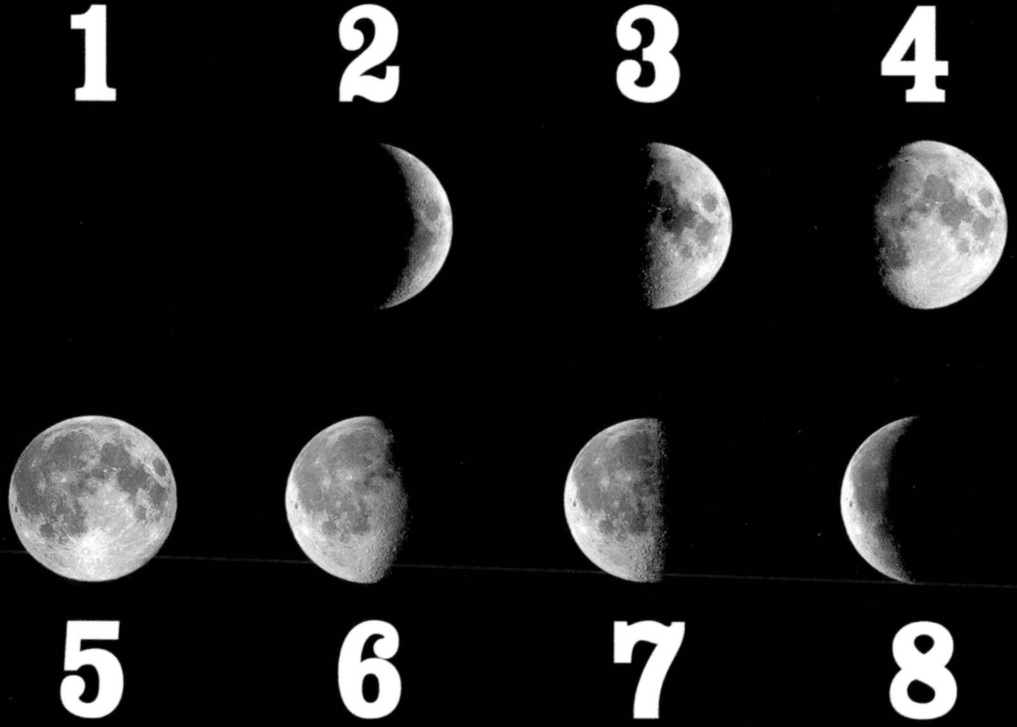
1
2
3
4
5
6
7
8

Chaque lunaison s'effectue en

29 jours,
12 heures,
44 minutes,
2,8 secondes !

Sur la Lune, les périodes de jour et de nuit durent l'équivalent de

354 HEURES

(pour **12** heures sur Terre).

Comparée à la Terre, la Lune est :

34 fois plus petite (superficie de **37.960.000** km^2),

49 fois moins volumineuse (**21.990.000.000** de km^3),

81 fois plus légère (**73.520.000.000.000** de tonnes).

La superficie totale de la Lune représente approximativement celle de l'Europe et de l'Afrique réunies.

Sur la Lune, la gravitation est

SIX

fois moins forte que sur Terre.

Autrement dit, l'attraction lunaire équivaut
à **1/6e** de l'attraction terrestre.

À titre d'exemple, un homme de

70

KILOGRAMMES

sur Terre ne pèserait plus que

11,6

kilogrammes sur la Lune !

Cet homme serait capable, sans difficulté,
d'y soulever des objets **6** à **8** fois plus lourds que lui !

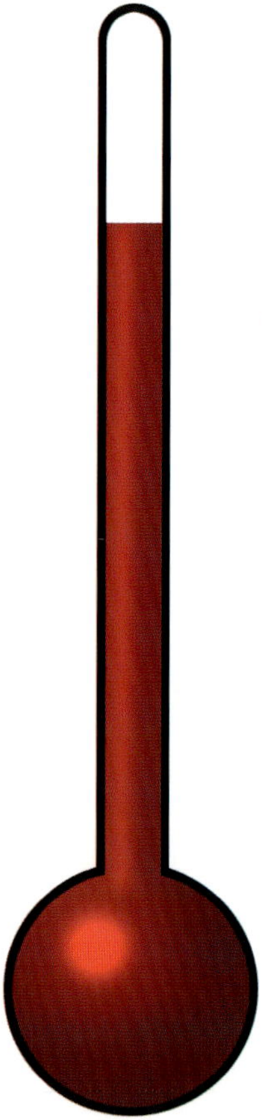

Sur la Lune, la température oscille entre

-170 °C et **+120 °C.**

Cela représente une amplitude de

290 °C.

La Lune est bien un astre mort. Malgré les

3.000

secousses enregistrées par an par les sondes sismiques, l'énergie totale qu'elle dégage reste

DIX

milliards de fois plus faible que celle de la Terre.

Sur la Lune,
un clair de terre est

65

fois plus lumineux
qu'un clair de lune sur Terre !

La Terre réfléchit **5** fois mieux les rayons du Soleil et elle est **13** fois plus grosse que la Lune.

Sur la Lune, le point le plus haut culmine à

10.750

mètres d'altitude. Il est situé près de l'équateur, sur la lèvre sud du bassin Dirichlet-Jackson.

Le point le plus bas est quant à lui situé au cœur du cratère Antoniadi, dans le bassin Aitken au pôle Sud lunaire. Sa profondeur est de **9.000** mètres.

Visible à l'œil nu depuis la Terre,
c'est l'océan des Tempêtes qui est l'étendue
lunaire la plus vaste avec un diamètre estimé à

2.500

kilomètres, et une superficie totale d'environ

4.000.000 de km².

Situé sur la partie ouest de la face visible de l'astre, l'océan des Tempêtes (en latin *Oceanus Procellarum*) servit de site d'atterrissage à la mission Apollo 12 en novembre 1969.

Observer
la Grande Muraille
de Chine depuis la Lune
équivaudrait à distinguer un fil de

UN

millimètre à une distance de

38

kilomètres !

Notre existence entière est liée à la Lune.
Son influence joue un rôle majeur dans

QUATRE

domaines principaux :

1. la Lune stabilise l'axe de rotation de la Terre (stabilisation du climat),
2. elle est responsable des marées océaniques mais aussi terrestres (elle déforme la croûte terrestre de manière imperceptible par l'homme),
3. elle est la cause des éclipses solaires,
4. ellc aurait une influence légendaire sur la végétation, sur les naissances et même sur la pousse de nos cheveux !

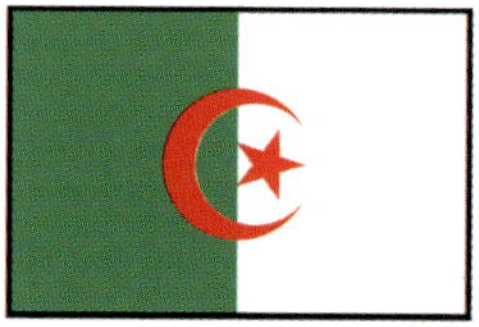
Algérie

Azerbaïdjan

Comores

Île Cocos

Malaisie

Maldives

Mauritanie

Sahara Occidental

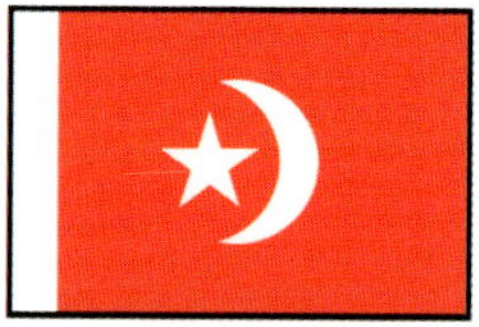
Oumm Al Qaïwaïn

Ouzbékistan

Pakistan

Johor

Singapour

Tunisie

Turkménistan

Anjouan

Mongolie

Turquie

Groenland

Kuala Lumpur

Brunei

Ligue Arabe

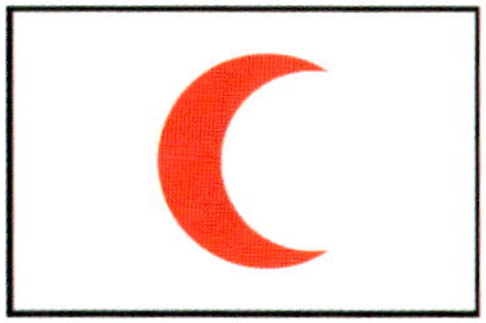

Croissant-Rouge

Caroline-du-Sud

Grande Comore

Népal

Terengganu

Selangor

Hiroshima

Mohéli

30

drapeaux arborent
un croissant de lune.

Ces pavillons représentent des États, des régions, des îles ainsi que des organisations qui, pour la plupart, sont de confession musulmane.

On dit que la Lune est paresseuse
car, tous les jours, elle se lève

50

minutes plus tard que la veille !

EXPRESSIONS

populaires construites autour du mot *lune* :

- lune de miel (voyage de noces),
- vieille lune (époque révolue),
- décrocher la lune (obtenir l'impossible),
- demander la lune (demander l'impossible),
- promettre la lune (promettre l'impossible),
- être dans la lune (distrait),
- il y a des lunes (il y a longtemps),
- être mal luné (de mauvaise humeur),
- être bien luné (de bonne humeur),
- avoir une face de lune (avoir un visage rond),
- être lunatique (d'humeur changeante),
- con comme la lune (stupide),
- la lune (les fesses),
- montrer la lune en plein midi (abuser de la crédulité de quelqu'un),
- pêcheur de lune (rêveur),
- avoir ses lunes (être en période de menstruation),
- tomber de la lune (surprise/ignorance).

Après les succès de Spoutnik
(**1er** satellite artificiel mis en orbite terrestre),
et de la chienne Laïka (**1er** être vivant envoyé dans l'espace),
la Russie assura son avance technologique sur les États-Unis en réalisant

TROIS

grandes premières dans la conquête de la Lune :

1. janvier 1959, la sonde automatique Luna 1 fut
le premier engin construit par l'homme à dépasser la Lune,

2. septembre 1959, Luna 2 percuta pour la première fois
le sol lunaire à la vitesse de **3.300** m/s,

3. octobre 1959, Luna 3 retransmit les **29** premières
photos de la face cachée de la Lune.

17
minutes
de vol suborbital
à une altitude de
253
kilomètres pour le
PREMIER
singe de l'espace !

À bord de la fusée Mercury Redstone 2, le chimpanzé Ham fut le **premier** être vivant envoyé dans l'espace par la NASA. Récupéré sain et sauf le **31/01/1961**, le primate fit la Une de nombreux magazines de l'époque !

Youri Gagarine fut le

PREMIER

homme de l'espace !

À bord de la capsule Vostok 1,
le pilote russe effectua un vol de

108

minutes en orbite autour de la
Terre à la vitesse moyenne de

7.844

mètres/seconde le **12/04/1961**.

23 jours après, l'Américain Alan B. Shepard effectua un vol de **15** minutes à bord de la capsule Mercury Freedom 7. Encore **772** jours plus tard, la Russe Valentina Terechkova fut la **1**re femme placée en orbite terrestre, à bord de Vostok 6.

Le 25 mai 1961, devant les

535

parlementaires du congrès américain, le président John F. Kennedy prenait l'engagement solennel d'envoyer un homme sur la Lune et de le ramener sain et sauf avant la fin de la décennie

1960.

Entré en vigueur le

10/10/1967

dans le but de protéger l'humanité,
un traité des Nations Unies sur les "Principes
régissant les activités des États en matière d'exploration
de l'espace extra-atmosphérique" interdisait formellement *l'envoi
ou l'installation sur la Lune (ou tout autre corps céleste)
d'aucune arme nucléaire ou de destruction massive.*

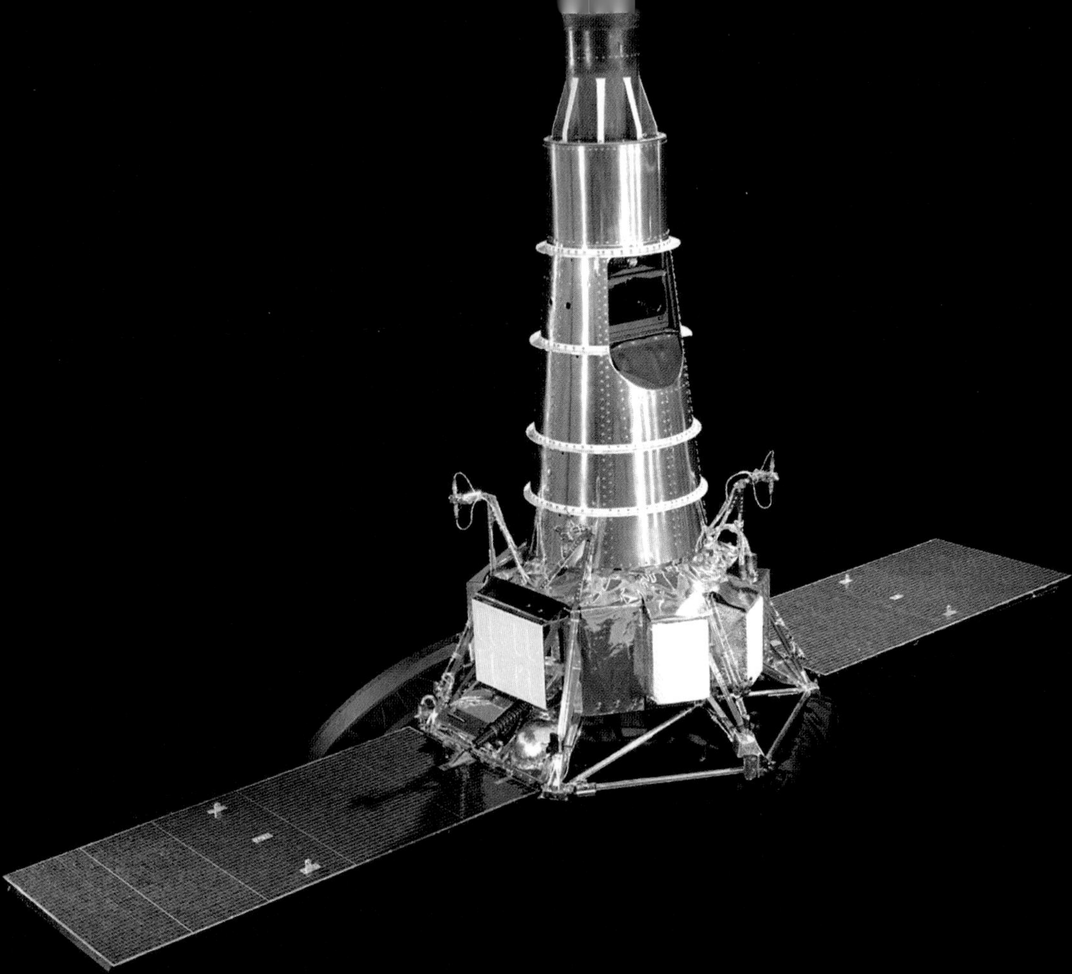

Débuté au mois d'août 1961, le programme américain Ranger avait pour objectif de fournir des photos détaillées de la Lune aux ingénieurs de la NASA.

Sur les

9

sondes automatiques envoyées
entre 1961 et 1965, seules les

TROIS

dernières accomplirent leur mission :

- Ranger 7 retransmit **4.308** photos en juillet 1964,
- Ranger 8 en retransmit **7.137** au mois de février 1965,
- Ranger 9 prit **5.814** clichés de la Lune au mois de mars 1965 !

Ces photos étaient

1.000

fois plus détaillées que toutes
les observations faites jusqu'alors !

Voici le tout **premier** cliché américain de la Lune pris
par la sonde Ranger 7 le **31/07/1964** à **13H09** (GMT),
précisément **17** minutes avant que l'engin ne percute le sol lunaire.

Avec un budget total de

170.000.000 $

chaque photo prise lors du programme
Ranger aura coûté à l'époque la somme de

9.845 $.

7 premiers astronautes engagés par la NASA au mois d'avril 1959 pour participer au programme Mercury.

VII

critères pour devenir astronaute
d'un programme spatial de la NASA :

1. être diplômé d'université en sciences physiques ou en ingénierie,
2. être diplômé d'une école militaire (cette clause sera suspendue),
3. avoir effectué au minimum **1.500** heures de vol,
4. ne pas dépasser **40** ans,
5. avoir une taille maximale de **1,80** mètre,
6. être en excellente condition physique,
7. et, plus étonnant, avoir un esprit adapté aux "*risques de l'espace*" !

Chaque postulant devait en outre passer
une batterie de tests physiques et psychologiques.

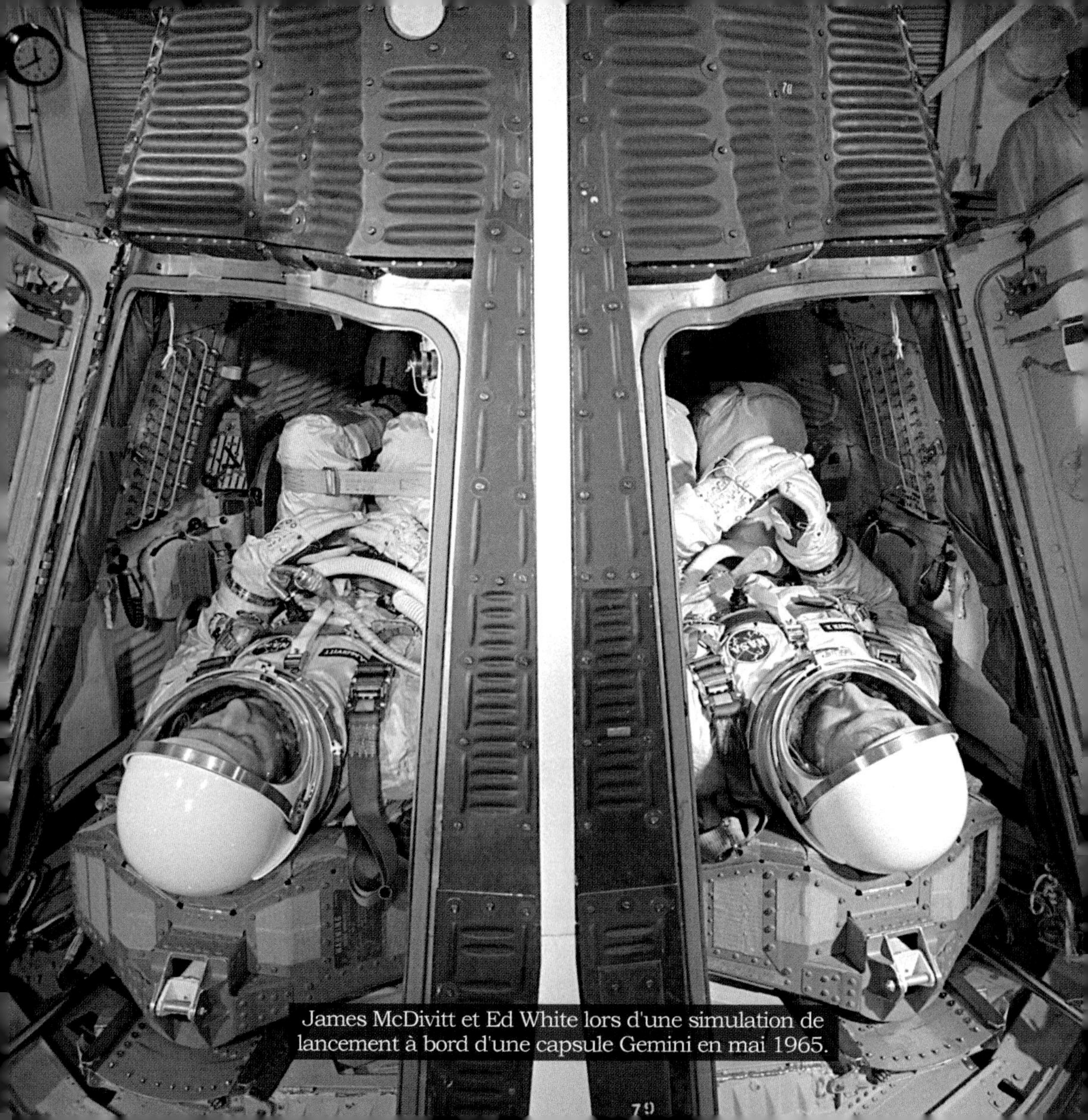

James McDivitt et Ed White lors d'une simulation de lancement à bord d'une capsule Gemini en mai 1965.

Les astronautes
du programme Apollo
étaient entraînés à endurer
des accélérations supérieures à

7g.

Lors de la mission Apollo 16, les astronautes John W. Young, Thomas K. Mattingly et Charles M. Duke endurèrent une accélération de **7,19** g lors de leur rentrée dans l'atmosphère terrestre le **27/04/1972**.

L'ingénieur Bill Peterson
et l'astronaute Bob Smyth en 1964.

Spécialement conçus pour les sorties
extravéhiculaires sur la Lune, les scaphandres
des astronautes du programme Apollo pesaient

80KG

et ils étaient principalement composés de

TROIS

couches de vêtements superposées :

1. un justaucorps parcouru de petits canaux thermiques régulant la sudation et les écarts de température,
2. une combinaison étanche en caoutchouc,
3. une cotte de maille protectrice contre les impacts des micrométéorites.

Il fallait environ **120** minutes pour les enfiler !

D'une masse approximative de

225.000 TONNES,

le VAB (Vehicle Assembly Building) est l'édifice dans lequel les engins spatiaux de la NASA sont assemblés depuis le programme Apollo.

Haut de **160** mètres, large de **158** mètres et long de **218** mètres, le VAB est le bâtiment à **un** seul étage le plus grand au monde.

Ses portes de **139** mètres de hauteur s'ouvrent et se ferment électriquement en **45** minutes !

Le Crawler, c'est :

2.700

tonnes à vide, une charge utile de

5.500

tonnes, deux moteurs diesel de

2.750

chevaux consommant

600

litres de carburant à l'heure
pour une vitesse moyenne de

1,1km/h !

L'engin sert à emmener les fusées et les navettes spatiales depuis le VAB jusqu'au pas de tir. Pour assurer ce transfert, une voie **10** fois plus robuste qu'une piste d'atterrissage classique a été conçue.

Transport de la fusée Apollo 11 vers le pas de tir 39-A le **20/05/1969.**

TROIS

astronautes meurent asphyxiés lors d'un entrainement au sol.

Le **27/01/1967**, l'équipage d'Apollo 1, composé du commandant Virgil I. Grissom et des pilotes Edward H. White et Roger E. Chaffee, est victime d'un incendie à bord de sa fusée. Le monde entier est en deuil car c'est la **1re** fois que des hommes meurent au cours d'un programme spatial. En réalité, le cosmonaute russe Valentin Bondarenko succomba dans des conditions similaires **6** ans plus tôt mais sa mort n'allait être révélée que **19** ans plus tard.

E.H. WHITE
V.I. GRISSOM
M.S.C. N.A.S.A
R. CHAFFEE
NASA
UNITED
STATES

Le commandant Frank Borman, suivi des pilotes James A. Lovell Jr et William A. Anders.

Lancés à une vitesse de

38.900

kilomètres à l'heure vers la Lune, les

TROIS

hommes d'équipage de la mission Apollo 8
sont les tout premiers êtres humains à quitter
l'environnement terrestre à destination d'un autre astre !

Partis le **21/12/1968**, les trois astronautes effectuèrent **10** révolutions autour de l'astre le soir de Noël 1968 avant d'amerrir dans l'océan Pacifique le **27/12/1968**. Aucun homme avant eux ne s'était aventuré aussi loin de la Terre !

De gauche à droite, Eugene A. Cernan, John W. Young et Thomas P. Stafford en mai 1969.

Lors de la mission Apollo 10,
l'équipage du module lunaire composé du commandant Thomas P. Stafford et du pilote Eugene A. Cernan approcha à

QUATORZE

kilomètres seulement de la Lune. Leur mission était accomplie et les **deux** hommes durent rebrousser chemin...

La mission Apollo 11
fut décomposée en

11

phases principales :

1. lancement,
2. mise en orbite terrestre,
3. injection sur trajectoire Terre-Lune,
4. mise en orbite lunaire,
5. descente vers la surface lunaire,
6. séjour sur la Lune,
7. décollage de la Lune,
8. rendez-vous en orbite lunaire du module lunaire et du module de commande,
9. injection sur trajectoire Lune-Terre,
10. rentrée dans l'atmosphère terrestre,
11. amerrissage dans l'océan Pacifique.

APOLLO 11

COLLINS
ARMSTRONG
ALDRIN

Le mercredi 16 juillet 1969,

4H15

du matin (heure locale), les membres d'Apollo 11
comprenant le commandant Neil A. Armstrong (**38** ans),
le pilote du module lunaire Edwin Buzz Aldrin (**39** ans)
et le pilote du module de commande Michael Collins (**38** ans)
sont réveillés et ils prennent leur dernier petit déjeuner terrestre
avant d'embarquer à bord de leur fusée et de s'envoler pour la Lune...

Le **16/07/1969**,
les réservoirs
de la fusée Saturn V AS 506
d'Apollo 11 furent remplis de

2.722

tonnes de kérosène, d'oxygène
et d'hydrogène liquides.

Si cette cargaison avait explosée, sa déflagration aurait été équivalente à celle d'une bombe de

500.000
KG DE TNT !

Ce qui représenterait **1/26e** de la bombe d'Hiroshima !

Kennedy Space Center, salle de lancement le 16 juillet 1969.

8H32*:

463

ingénieurs sont à leur poste.

9H28*:

le feu vert est donné !

* Heure locale EDT (Eastern Daylight Time)

9H32

Apollo 11 s'élance dans les airs en faisant trembler le sol !

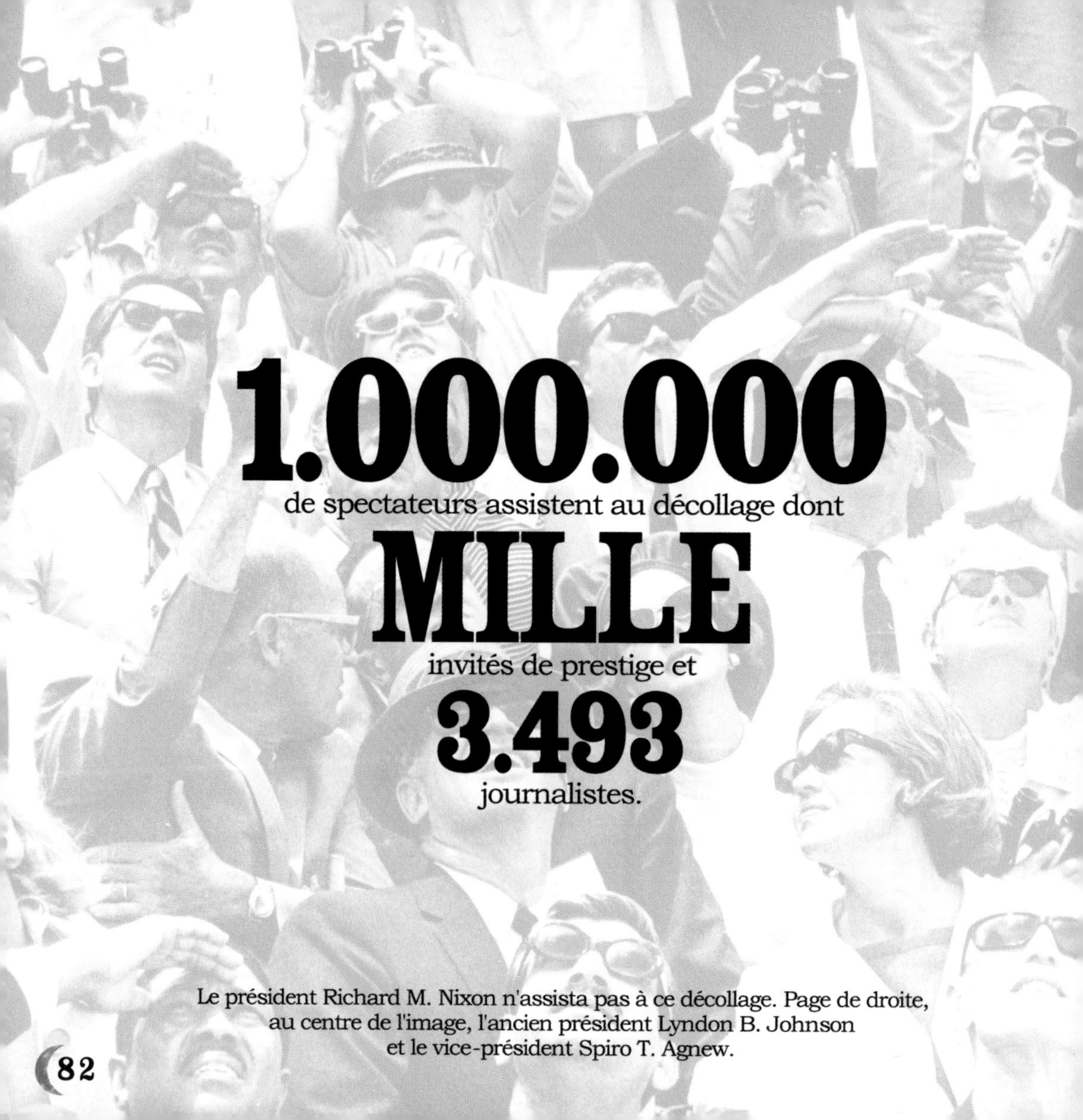

1.000.000

de spectateurs assistent au décollage dont

MILLE

invités de prestige et

3.493

journalistes.

Le président Richard M. Nixon n'assista pas à ce décollage. Page de droite, au centre de l'image, l'ancien président Lyndon B. Johnson et le vice-président Spiro T. Agnew.

Équipée de **5** moteurs d'une puissance de

680.000 KILOGRAMMES,

la poussée totale de la fusée Saturn V est de

3.400 TONNES.

C'est l'équivalent de **49** avions Concorde poussés à plein régime.

Mesurant **500** mètres de long, les flammes produites sont **5** fois plus grandes que la fusée !

14

heures après leur
décollage, à une distance de

CENT MILLE

kilomètres au-dessus de la Terre, les **trois**
astronautes s'endorment à bord de leur vaisseau...

...Dehors, à l'ombre du soleil, il fait une température de

-270°C.

6.096

minutes après avoir quitté la Terre, les astronautes Neil Armstrong et Buzz Aldrin embarquent à bord du module lunaire *Eagle* et font route vers le sol lunaire. De son côté, Michael Collins reste en orbite à

CENT

kilomètres d'altitude environ autour de la Lune à bord du module de commande *Columbia* .

156

pulsations/minute est le rythme
cardiaque d'Armstrong lorsqu'il prend
les commandes du module lunaire : il reste alors

335

mètres à parcourir avant l'atterrissage et seulement

SOIXANTE

secondes de carburant en réserve dans le module...

Le 20 juillet 1969 à

21H17

(heure française), après **102** heures,
45 minutes et **40** secondes de vol spatial,
le module lunaire *Eagle* atterrit dans la mer
de la Tranquillité à une latitude Nord de

0,67409°

et une longtitude Est de

23,47298°

Les ingénieurs de la NASA avaient prévu que les pieds du module s'enfonceraient de **30** cm dans le sol lunaire… Ils ne le firent que de **3** cm !

399

minutes plus tard, Armstrong descend les

NEUF

marches de l'échelle du module lunaire.

En pesanteur terrestre, cette échelle, allégée au maximum, aurait plié sous le poids de l'astronaute et de son scaphandre.

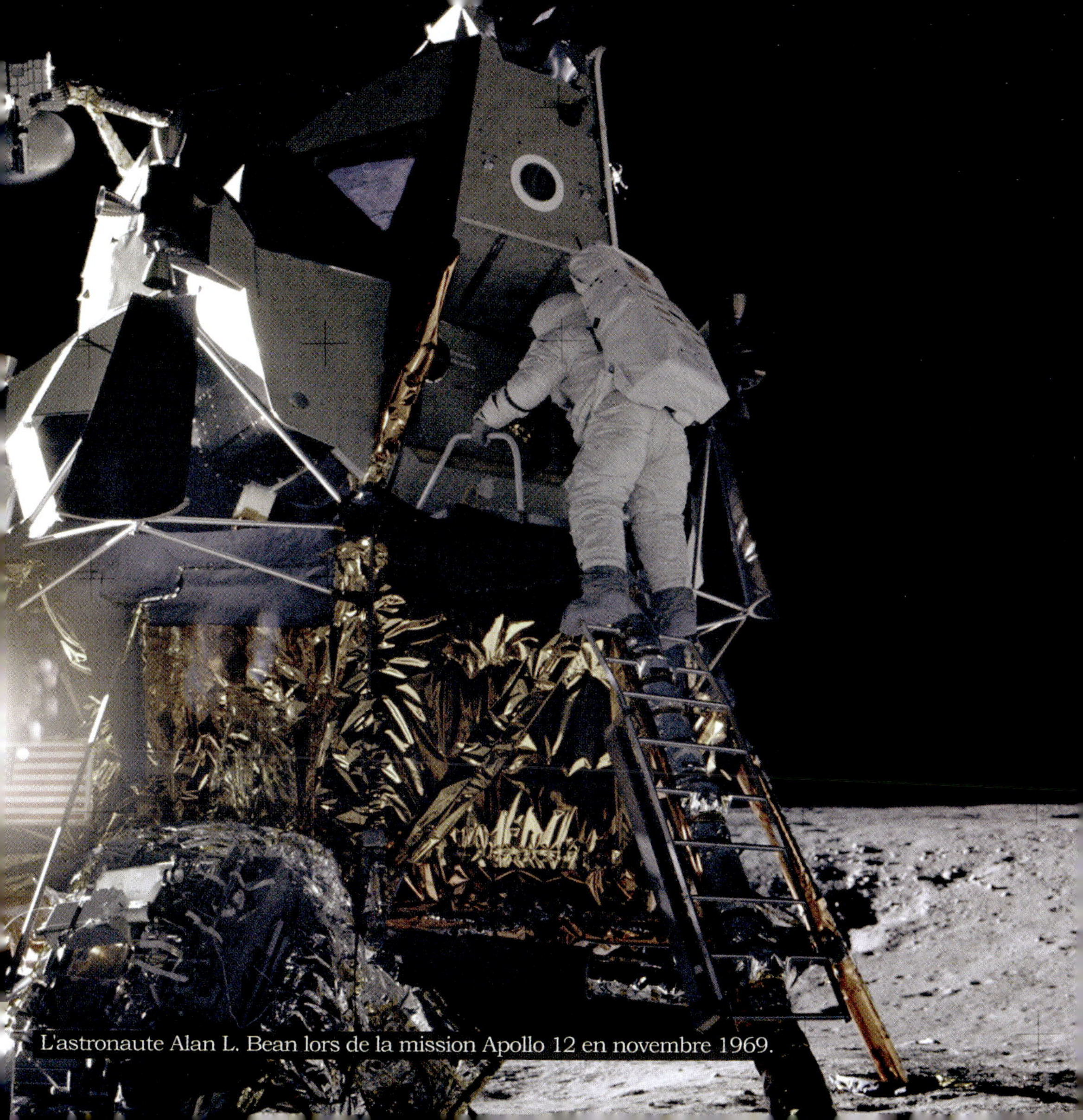

L'astronaute Alan L. Bean lors de la mission Apollo 12 en novembre 1969.

Le lundi 21 juillet 1969 à

3H56

(heure française), Armstrong est le

PREMIER

homme à poser le pied (gauche) sur la Lune.

Voici l'une des premières empreintes de pas. Elle sera encore visible dans **100.000** ans !

Seuls quelques pays communistes comme la Russie
ne retransmettent pas l'évènement en direct.

19

minutes plus tard,
Aldrin rejoint Armstrong.

Ensemble, ils plantent la bannière étoilée à

4H33

(heure française).

Buzz Aldrin marcha **31** minutes de moins sur la Lune que Neil Armstrong.

Après avoir marché durant

151

minutes sur la Lune sans
jamais s'éloigner de plus de

30

mètres du module lunaire,
Armstrong rejoint Aldrin
à bord de ce dernier.

Le LM (Lunar Module) décolla le **21/07/1969** à **18H54** (heure française) après avoir stationné **21** heures, **36** minutes et **21** secondes sur la Lune.

Lorsque la capsule Apollo 11 entra
dans l'atmosphère terrestre à près de
39.700
km/h, la température supportée par
son bouclier thermique était d'environ
2.770°C.

L'engin
fut récupéré
dans l'océan
Pacifique le jeudi

24

juillet 1969 à

1.480

milles nautiques * au
sud-ouest d'Hawaï, soit

UN

mille seulement
du point d'impact prévu !

* **Un** mille nautique (nautical mile) = **1852** mètres.

Dès leur arrivée sur Terre, les

TROIS

astronautes furent placés en quarantaine
à l'intérieur d'un caisson aménagé durant

DIX-NEUF

jours afin de prévenir tous risques bactériologiques.

Ils y resteront jusqu'au **12/08/1969**. Par la suite, cette procédure sera jugée inutile et finalement abandonnée à partir de la mission Apollo 15.

USS HORNET
HORNET + 3

Au cours de sa mission, la fusée
Saturn V AS 506 d'Apollo 11 se délesta de

99,8%

de sa masse totale dans l'espace et sur la surface de la Lune !

Des **2.900** tonnes initiales, seules les **6** tonnes du module de commande ont servi au retour des trois astronautes sur Terre.

Entre son décollage depuis la base américaine de Cap Canaveral et son amerrissage dans l'océan Pacifique, la mission Apollo 11 aura duré

11.718

minutes, soit un peu plus de **195** heures de vol spatial.

Près de **5** mois avant l'échéance, les Américains avaient tenu l'objectif fixé **2.979** jours plus tôt par feu le président Kennedy.

"Houston, on a un problème."

Durant la

55^{e}

heure de vol d'Apollo 13 le **13/04/1970**, à

321.860

kilomètres de la Terre, le réservoir d'oxygène liquide n° 2 du module de service explose...

L'équipage miraculé, composé du commandant Jim A. Lovell Jr et des pilotes John L. Swigert et Fred W. Haise, utilisa le module lunaire comme canot de sauvetage pour rallier la Terre sain et sauf. Apollo 13 sera jugée comme la mission ratée la mieux réussie de toutes !

PC contrôle après l'amerrissage réussi de la capsule Apollo 13 le **17/04/1970.**

L'astronaute Alan B. Shepard en cours de mission lors d'Apollo 14.

DEUX

balles de golf ont été emportées sur la Lune !

Le 6 février 1970,
le commandant Alan B. Shepard se saisit
d'un instrument de mesure transformé
en fer n°6 et, grâce à l'absence de vent
et à la faible gravité lunaire, il envoya
l'une d'elles à une distance de

400

MÈTRES.

209

kilogrammes à vide
(**35** kg sur la Lune),

490

kg de charge utile,

90

km d'autonomie et

16

kilomètres à l'heure...

...Le Lunar Rover fut utilisé lors des

TROIS

dernières missions du programme Apollo (Apollo 15, 16 et 17).

Les astronautes d'Apollo 12 explorèrent à pied la surface de la Lune sur **2** km contre **35** à bord de la jeep lunaire lors d'Apollo 17. Ci-dessus, l'astronaute David R. Scott durant la mission Apollo 15 en août 1971.

Le commandant Eugene A. Cernan (ici, saluant la bannière étoilée) et le géologue Harrison H. Schmitt sont les **2** derniers hommes à avoir marché sur la Lune. C'était lors de la mission Apollo 17 programmée du **07** au **19/12/1972.**

Ultime voyage sur la Lune, la mission Apollo 17 fut celle de tous les records :

18.112

minutes passées dans l'espace,

4.500

minutes sur la Lune, dont environ

1.324

effectuées en sorties extravéhiculaires et

CENT DIX

kilos d'échantillons lunaires embarqués.

En tout,

NEUF

missions spatiales habitées Apollo ont placé

24

astronautes américains autour de la Lune.

Frank Borman, James A. Lovell Jr, Williams A. Anders, Eugene A. Cernan, Thomas P. Stafford, John W. Young, Michael Collins, Neil A. Armstrong, Edwin *Buzz* Aldrin, Richard F. Gordon Jr, Charles Conrad Jr, Alan L. Bean, John L. Swigert, David R. Scott, Stuart A. Roosa, Alan B. Shepard, James B. Irwin, Edgar D. Mitchell, Alfred M. Worden, Fred W. Haise, Thomas K. Mattingly, Charles M. Duke, Ronald E. Evans et Harrison H. Schmitt.

Planche de **11** autocollants figurant les écussons des missions Apollo 7 à 17.

TROIS
d'entre eux participèrent à
DEUX
missions spatiales :

1. John W. Young en tant que
pilote du module de commande d'Apollo 10
et commandant de la mission Apollo 16,

2. Eugene A. Cernan comme pilote
du module lunaire d'Apollo 10
et commandant de la mission Apollo 17,

3. Jim A. Lovell Jr comme pilote
du module de commande d'Apollo 8
et commandant d'Apollo 13 (il est le seul
astronaute à avoir été programmé sur **2**
missions sans pour autant aller sur la Lune).

Le commandant John W. Young lors de la mission Apollo 16 en avril 1972.

6

missions se posèrent sur la Lune entre juillet **1969** et décembre **1972**.

Apollo 15
(30/07/1971)
Apollo 17
(11/12/1972)
Apollo 12
(19/11/1969)
Apollo 14
(05/02/1971)
Apollo 11
(20/07/1969)
Apollo 16
(21/04/1972)

12

astronautes foulèrent le sol lunaire :

- Neil A. Armstrong et Edwin Buzz Aldrin (Apollo 11) ,
- Charles Conrad Jr et Alan L. Bean (Apollo 12),
- Alan B. Shepard et Edgar D. Mitchell (Apollo 14),
- David R. Scott et James B. Irwin (Apollo 15),
- John W. Young et Charles M. Duke (Apollo 16),
- Eugene A. Cernan et Harrison H. Schmitt (Apollo 17).

Ces hommes parcoururent plus de **95** kilomètres
durant **4.865** minutes de sorties extravéhiculaires !

Alan L. Bean prélevant des échantillons de régolite (terre lunaire) lors de la mission Apollo 12 en novembre 1969.

De leur côté, les

SIX

pilotes restés à bord des capsules
Apollo 11, 12, 14, 15, 16 et 17 effectuèrent

322

révolutions autour de la Lune.

30 révolutions pour Michael Collins (Apollo 11), **45** pour Richard F. Gordon Jr (Apollo
34 pour Stuart A. Roosa (Apollo 14), **74** pour Alfred M. Worden (Apollo 15),
64 pour Thomas K. Mattingly (Apollo 16) et **75** pour Ronald E. Evans (Apollo 17).

Module de commande d'Apollo 17 en orbite lunaire au mois de décembre 1972.

En **12** ans (de 1961 à 1972), le budget total du programme spatial Apollo s'éleva à près de

25,4 MILLIARDS DE DOLLARS.

Au cours d'aujourd'hui, cette somme représenterait environ **135** milliards de dollars !

Derniers préparatifs de la mission Apollo 17 en août 1972.

L'ingénieur John C. Houblot en juillet 1964.

200
universités américaines,
20.000
sociétés de tous horizons et plus de
400.000
Américains travaillèrent sur le programme spatial habité Apollo entre les années 1961 et 1972.

Ce fut une mobilisation pacifique, industrielle et technologique sans précédent !

Sur les **75** variétés de minéraux analysées sur la Lune, **3** n'avaient jamais été observées auparavant : la Pyroxferroïte, l'Armalcolite (nommé en hommage à **Arm**strong, **Al**drin et **Co**llins d'Apollo 11) et la Tranquillityite trouvée dans la mer de la Tranquillité. De ces **3** minéraux, seule cette dernière n'a toujours pas été observée sur Terre.

2.196

échantillons de roches lunaires d'un poids total de

379

kilogrammes furent ramenés par les missions Apollo.

21 kg (Apollo 11), **34** kg (Apollo 12), **43** kg (Apollo 14), **77** kg (Apollo 15), **94** kg (Apollo 16) et **110** kg (Apollo 17).

180

tonnes de détritus spatiaux jonchent le sol lunaire.

Cette pollution est notamment composée de **5** étages de fusée S-IVB,
de **6** modules lunaires, de **3** jeeps lunaires, de **44** satellites et sondes automatiques
et d'une multitude d'appareils et d'équipements d'exploration abandonnés
lors des missions habitées du programme Apollo.

Dispositif de mesure installé dans la mer de la Sérénité lors de la mission Apollo 17.

UNE

photo de famille a été déposée sur la Lune.

Ce n'est pas le seul objet insolite abandonné sur la Lune par les astronautes d'Apollo. Ils ont laissé derrière eux 1 bible, des appareils photos Hasselblad, des caméras de télévision, 6 drapeaux, 1 palme en or, 1 plume de faucon, 2 balles de golf ou encore 1 pièce commémorative.

Cc cliché représente Charles M. Duke (Apollo 16) et sa famille dans leur jardin à Houston, Texas.

1

œuvre d'art a été déposée sur la Lune !

Cette statuette de **8,5** cm de hauteur a été sculptée par l'artiste belge Paul Van Hoeydonck et embarquée à bord d'Apollo 15. Intitulée *Memorial to Fallen Spacemen*, elle rend hommage à **14** astronautes morts en mission ou en entraînement.

1

homme repose
en paix sur la Lune !

Décédé au mois de juillet 1997, le géologue et astronome Eugene Shoemaker avait notamment entraîné les astronautes du programme Apollo. Ses cendres furent déposées sur la Lune par la sonde américaine Lunar Prospector le **31/07/1999**.

Aujourd'hui encore, des communautés idéologiques et scientifiques non-conformistes tentent de prouver que l'homme n'a jamais marché sur la Lune. Leurs membres se distinguent en

2

catégories principales :

1. ceux qui mettent en doute l'authenticité des photos prises sur la Lune,

2. ceux qui ne croient pas en la capacité humaine de se rendre sur l'astre.

Le **premier** ouvrage mettant en doute la véracité des missions Apollo fut publié en 1974 par l'Américain Bill Kaysing.

Fred W. Haise et Jim A. Lovell Jr (Apollo 13) lors d'une séance d'entraînement en janvier 1970.

De nos jours, les ordinateurs sont environ

1.000.000

de fois plus puissants que ceux qui équipaient les trains spatiaux des missions Apollo.

Les mémoires ROM (mémoires mortes) et RAM (mémoires vives) des ordinateurs de bord avaient des capacités de stockage respectives de **64** Ko/**4** Ko pour le module de commande, et de **32** Ko/**2** Ko pour le module lunaire. Aujourd'hui, un ordinateur moyen utilise une mémoire de stockage de **500** Go et une mémoire vive de **4** Go.

Vue intérieure du module lunaire de la mission Apollo 11.

Envoyée à bord d'Ariane 5 le **27/09/2003,** Smart-1 fut la

PREMIÈRE

sonde automatique européenne placée en orbite lunaire.

Après une mission de **1.072** jours, la sonde scientifique percuta le sol lunaire à une vitesse de **7.200** km/h, créant un cratère dont le diamètre est estimé à environ **7** mètres.

eutelsat
arianespace
esa
esa
cnes
cnes

CRÉDITS PHOTOGRAPHIQUES

Toutes les photos de cet ouvrage proviennent des archives de la NASA (National Aeronautics and Space Administration), à l'exception des photos suivantes : page 141 (ESA, European Space Agency), page 49 (Asif A. Siddiqi/GRIN NASA-DR), pages 27 - 28, 46, 119 (DR), pages 16 - 17 (NASA/JPL-caltech/T. Pyle-SSC), page 135 (Courtesy U.S geological Survey), pages 40, 106, 144 (Dominique PASCAL).

Great Images In NASA Collection (GRIN NASA) : pages 6 - 7, 15, 47, 52, 56, 58, 63, 67, 74, 76, 81 - 83, 85, 89, 91, 93-94, 100, 107-108, 111-112, 121, 125, 137.

NASA Marshall Space Flight Center Collection : pages 36, 65, 68, 70, 73, 103, 115, 126.

NASA Image eXchange Collection : page 54.

NASA Johnson Space Center Collection (JSC) : pages 10, 21, 25, 60, 96, 97 - 98, 117, 123, 128 - 129, 131, 133, 134, 139.

NASA Kennedy Center Media Archive Collection : page 78.

NASA Solarsystem Collection : pages 8 - 9.

BIBLIOGRAPHIE

- *À la conquête de la Lune*, Éditions Larousse-Bordas, par Jacques Villain (1998)

- *Dictionnaire de l'astronomie et de l'espace*, Éditions Larousse-Bordas, par Philippe de la Cotardière et Jean-Pierre Penot (1999)

- *J'ai marché sur la Lune*, Éditions l'Esprit du temps, par Neil Armstrong (2008)

- *Paris-Match "Lune, numéro historique"*, publié le 16 août 1969

REMERCIEMENTS

L'auteur tient particulièrement à remercier la NASA pour l'utilisation des photos de grande qualité qui illustrent cet ouvrage.

Merci à Tezio Corteze, fin connaisseur de la Lune et de son exploration, qui a pris son courage à deux mains pour vérifier un à un chaque chiffre, nombre, somme et horaire de ce livre.

Mes chaleureux remerciements à Francis Rocard et Julien Watelet du CNES (Centre national d'études spatiales) pour leurs conseils.

Merci à Philippe Lognonné de l'IPGP (Institut de physique du globe de Paris), Guy Devautour, Denis Cachon, Martine Pringo, Chantal Séraphin, et Hervé Moulin pour leur coup de main.

Merci à Frédérique Crestin-Billet pour son savoir-faire et sa gentillesse,

à Nicolas Bonnefoix pour son professionnalisme,

à Slim Gaigi *La Voix Rauque,* mon monsieur Sciences à moi,

à Thomas Nollet, grand passionné de l'Espace et de l'Air, qui attend ce livre de pied ferme,

à Julien Marchalant pour son soutien et son enthousiasme,

et, enfin, un grand merci à Buzz l'Éclair, à ma douce Anne, à ma sœur Charlotte, et à mon père Dominique qui a cru tout de suite en ce projet un peu fou...

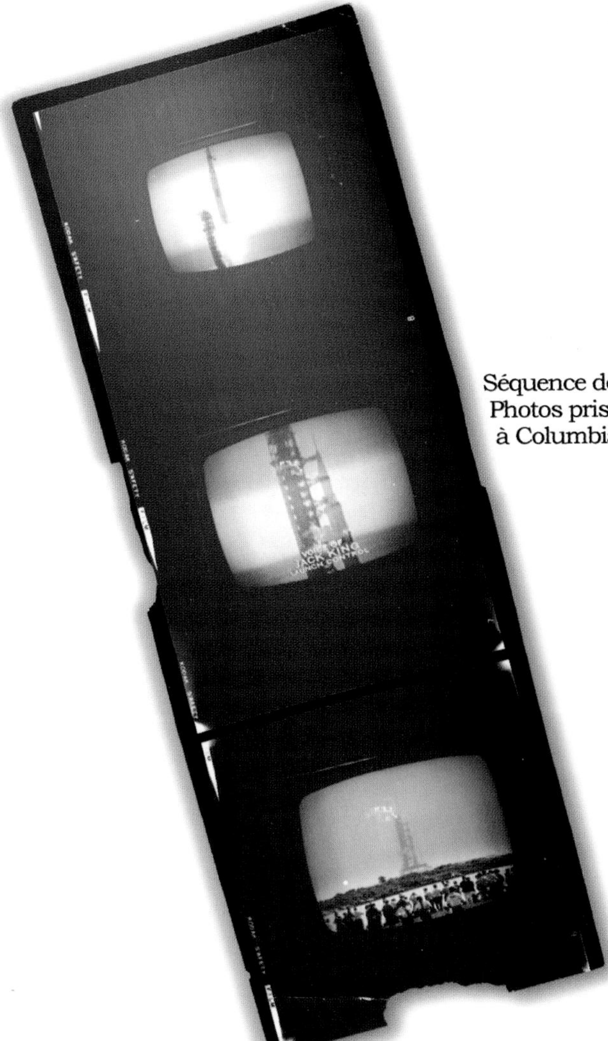

Séquence de lancement de la mission Apollo 11.
Photos prises le **16/07/1969** depuis un écran de TV à Columbia, Caroline-du-Sud, États-Unis.